Kavitha M.
Meenakshi V.
Pushpavalli M.

Dispositivo de comunicação Braille para deficientes visuais

Kavitha M.
Meenakshi V.
Pushpavalli M.

Dispositivo de comunicação Braille para deficientes visuais

ScienciaScripts

Imprint
Any brand names and product names mentioned in this book are subject to trademark, brand or patent protection and are trademarks or registered trademarks of their respective holders. The use of brand names, product names, common names, trade names, product descriptions etc. even without a particular marking in this work is in no way to be construed to mean that such names may be regarded as unrestricted in respect of trademark and brand protection legislation and could thus be used by anyone.

Cover image: www.ingimage.com

This book is a translation from the original published under ISBN 978-620-7-80817-5.

Publisher:
Sciencia Scripts
is a trademark of
Dodo Books Indian Ocean Ltd. and OmniScriptum S.R.L publishing group

120 High Road, East Finchley, London, N2 9ED, United Kingdom
Str. Armeneasca 28/1, office 1, Chisinau MD-2012, Republic of Moldova, Europe
Printed at: see last page
ISBN: 978-620-7-86417-1

RESUMO

O principal objetivo deste livro é fornecer uma solução completa para diferentes problemas de comunicação na vida das pessoas com deficiência visual. Principalmente na Índia, temos o maior número de pessoas cegas do mundo. As tecnologias são desenvolvidas dia após dia, principalmente na comunicação através de telemóveis, que desempenham um papel crucial. Nas aplicações de mensagens, as pessoas com deficiência visual só podem ler a mensagem na superfície tátil do visor. Mas a qualidade do sistema não é boa porque as pessoas cegas não conseguem identificar claramente o texto. Atualmente, a tecnologia Braille é utilizada pelos invisuais apenas para fins de leitura. No nosso método, a utilização deste sistema Braille permite às pessoas com deficiência visual ler e responder às mensagens. Neste sistema, que utiliza a tecnologia Braille, os invisuais podem aceder à aplicação de mensagens nos telemóveis como as pessoas normais. Ao mesmo tempo, o utilizador pode enviar facilmente as informações através do teclado, utilizando uma mensagem por vez, com base nas opções do teclado. A utilização é muito simples e as pessoas com deficiência visual podem aceder facilmente a este dispositivo de comunicação. A mensagem pode ser recebida através do GSM para comunicação do serviço móvel.

Índice

CAPÍTULO 1: INTRODUÇÃO 5

CAPÍTULO 2: PESQUISA BIBLIOGRÁFICA 10

CAPÍTULO 3: VISÃO GLOBAL 20

CAPÍTULO 4: DESCRIÇÃO DO HARDWARE 26

CAPÍTULO 5: RESULTADOS E DISCUSSÃO 40

CAPÍTULO 6: RESUMO DAS CONCLUSÕES 45

REFERÊNCIA 47

LISTA DE SÍMBOLOS E ABREVIATURAS

Vs	-	Supply Voltage
Zo	-	Output impedance
GSM	-	Global System for Mobile Communication
LCD	-	Liquid – Crystal display
PIC	-	Programmable Interface Controller
DC	-	Direct Current
I/O	-	Input/output
Volt	-	Voltage
AC	-	Alternating current
SBUF	-	Serial Buffer
Db9	-	D-sub type of connector
Ei	-	Initial Energy
V_f	-	Final Voltage
E_f	-	Final Energy
V_i	-	Input Voltage

ARM	-	Advanced RISC Machine
GPRS	-	General Packet Radio Service
SMT	-	Surface-mount technology
CPU	-	Central Processing Unit

CAPÍTULO 1: INTRODUÇÃO

1.1 GERAL

O Braille é o principal sistema de transmissão de informação através da sensação tátil, tendo sido concebido para pessoas com deficiência visual. Existem mais de 200 milhões de pessoas com deficiência visual no mundo, e este número está a aumentar. O Braille é facilmente acessível na vida quotidiana, mas fornece principalmente informações para orientação em instalações públicas e não pode fornecer informações personalizadas aos indivíduos. Entretanto, com o rápido avanço da tecnologia, tornou-se possível aceder às informações desejadas em qualquer altura e em qualquer lugar através de dispositivos pessoais portáteis, como os smartphones, mas estes fornecem principalmente informações através de um ecrã visual. Por conseguinte, o desenvolvimento do dispositivo braille é essencial para reduzir a diferença na aquisição de informações entre as pessoas com deficiência visual e as pessoas sem deficiência. Um ecrã braille atualizado resolve os problemas intrínsecos do braille, que não consegue reproduzir informações diferentes e é volumoso. Foram aplicados vários princípios ao mecanismo de atualização, mas o princípio mais universal é o dos módulos de visualização braille baseados em actuadores piezoeléctricos. Estes actuadores levantam e baixam automaticamente os pinos braille, mas limitam-se a apresentar a informação braille. Uma célula braille é composta por 6 a 8 pinos e representa um único carácter, e o espaçamento entre pinos e entre células é diferente, o que significa que há um limite para a expressão de informação que não seja texto. A este respeito, foi realizada investigação sobre o ecrã tátil para fornecer informações bidimensionais (2D) através de um espaçamento uniforme entre pinos de um ecrã do tipo matriz. Isto ajudará as pessoas com deficiência visual na educação, mobilidade e comodidade de vida, e as pessoas sem deficiência também poderão utilizá-lo em ambientes com visitantes limitados. Para satisfazer o pequeno espaçamento entre pinos para todos os pinos, o atuador deve ser muito mais pequeno e, ao mesmo tempo, deve ser capaz de produzir uma força saliente que possa ser sentida através dos nossos dedos. Os visores tácteis também estão a ser investigados com base em vários princípios de funcionamento, e nós propomos um atuador baseado num princípio eletromagnético (EM). Um atuador EM é composto por uma bobina de voz e um íman permanente e utiliza a sua força de atração/repulsão. É principalmente aplicado ao motor de vibração de dispositivos portáteis devido à sua baixa tensão de funcionamento e facilidade de miniaturização. Uma vez que o braille refrescante tem um mecanismo relativamente simples, exigindo apenas um movimento linear (para cima e para baixo), a aplicação de actuadores EM ao ecrã braille parece adequada.

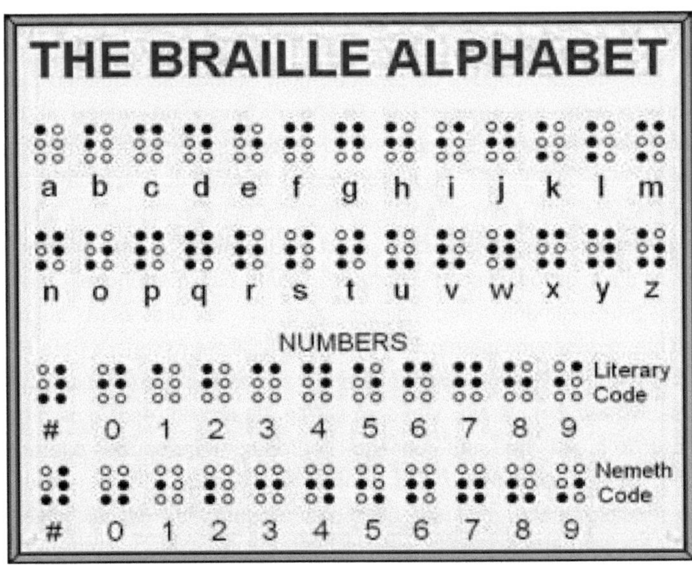

Figura 1.1: Os Alfabetos Braille

No entanto, a aplicação a um ecrã tátil exige vários desafios. Em primeiro lugar, um atuador EM move o íman através da força magnética, o que significa que a interferência magnética com o meio envolvente deve ser considerada. Para que o dedo detecte a curvatura enquanto se move no ecrã, o pino braille tem de manter uma certa quantidade de força saliente, especialmente se se pretender que permaneça como uma afirmação fixa durante algum tempo. Por outro lado, o campo magnético gerado deve ser fraco para não afetar os pinos circundantes durante a condução. Isto terá uma relação de compromisso e deve ser resolvido através da conceção da sua estrutura magnética. Em segundo lugar, deve ser considerada a questão da geração de calor.

O ecrã tátil consome energia não só ao acionar os pinos, mas também ao manter as posições dos pinos. Uma vez que o fluxo contínuo de corrente no solenoide gera calor, a dissipação de calor foi uma condição essencial para a conceção do atuador EM. Finalmente, o consumo de energia deve ser considerado. Uma vez que o ecrã tátil é composto por um grande conjunto de pinos, o consumo de energia por cada um deve ser baixo. Em particular, para ser aplicado em dispositivos portáteis, a taxa de consumo de energia tem de respeitar os limites de potência e de capacidade da bateria.

1.2 MOTIVAÇÃO PARA A SELECÇÃO DO PROBLEMA

Atualmente, no século 21st , há um enorme desenvolvimento tecnológico dia após dia. Pode ser o lançamento de smartphones actualizados ou de um computador portátil, redes de alta velocidade, transferência de dados, pagamentos online e muito mais. Estas tecnologias são criadas para as pessoas e também para o crescimento das organizações, onde as pessoas encontram mais facilidade em todos os acessos da vida. Quando paramos para pensar que estas tecnologias são utilizadas por todas as pessoas em todo o mundo, surge um grande ponto de interrogação(?). E as pessoas que têm deficiências como a mudez, a visão e a audição? Há algum smartphone que elas (pessoas com deficiência visual e outras) possam utilizar, como enviar e receber mensagens como as pessoas normais? Não. Há mais de 200 milhões de pessoas com deficiência visual no mundo e este número está a aumentar. A comunicação desempenha um papel vital na expressão dos sentimentos de uma pessoa para outra. As pessoas com deficiências visuais e auditivas têm dificuldade em comunicar umas com as outras. Existem algumas linguagens únicas para as pessoas surdo-cegas, que incluem a assinatura tátil, o Braille, a lua, etc. Entre estes métodos, o meio de comunicação mais comummente preferido é o Braille. O Braille é um sistema desenvolvido para ajudar as pessoas com deficiências visuais e auditivas através da criação de arranjos de pontos que formam letras, números e sinais de pontuação. Esta tese propõe um modelo de dispositivo de comunicação que converte qualquer texto alfanumérico inglês no formato Braille correspondente, que pode ser lido e respondido por uma pessoa com deficiência visual. Uma pessoa com deficiência pode enviar uma mensagem a uma pessoa com deficiência visual a partir do seu telemóvel. Assim que a mensagem é recebida pelo dispositivo, este começa a converter as letras da mensagem para o formato Braille. Os caracteres Braille são apresentados um a um através de um ecrã Braille constituído por seis motores de vibração que representam os seis pontos numa representação celular Braille. É exatamente o mesmo que acontece quando se lêem livros em superfície tátil em linguagem Braille. A pessoa com deficiência visual pode sentir os caracteres colocando a palma da mão na unidade de visualização Braille. Incluímos também a possibilidade de responder a mensagens. Deste modo, as pessoas com deficiência visual acedem às suas mensagens privadas, como as mensagens de crédito e débito da conta bancária e os dados da conta, sem a ajuda de qualquer pessoa. O facto de acederem sozinhas a esta configuração aumenta a sua autoconfiança e não se sentem diminuídas pela sua deficiência. Esta configuração é de baixo custo, portátil e de fácil acesso.

1.3 VISÃO GERAL

A comunicação tem sido uma parte integrante da evolução humana, desde 2600 a.C., quando foi registada a primeira textura composta por uma estrutura complexa de caracteres, até ao século XVII, quando foi adotado o primeiro jornal do mundo. É certamente a língua que torna a comunicação única, mas os modos de comunicação foram sempre uniformes, ultrapassando fronteiras geográficas ou culturas. Sendo uma língua nacional ou regional de uma nação específica, tem havido formas únicas e invulgares de comunicar a mesma língua através de uma caraterização diferente. O código Morse foi um desses exemplos - inicialmente desenvolvido e utilizado como meio de comunicação para o primeiro telégrafo comercial, mas mais tarde popularmente conhecido por ser utilizado no mundo. O mesmo acontece com o Braille, um sistema de comunicação de literacia tátil para pessoas com deficiência visual ou legalmente cegas, utilizado na educação e no local de trabalho. A configuração deste dispositivo de comunicação de conversão de texto em

Braille consiste num módulo GSM, no qual é colocado o cartão SIM do utilizador (pessoa com deficiência visual), e tem um microcontrolador PIC ligado a um ecrã LCD, através do qual a mensagem é activada no teclado Braille, podendo a pessoa cega colocar a palma da mão e identificar a mensagem recebida, sendo esta também apresentada no LCD. Um teclado Braille composto por seis pinos num ecrã de matriz 3x2. Quando é recebida uma mensagem da pessoa com deficiência para o utilizador, no teclado Braille, os pinos sobem e rodam de acordo com o texto recebido na língua Braille. Para responder, este documento introduz um teclado que contém cinco conjuntos de mensagens de resposta normalizadas, de acordo com as necessidades básicas do utilizador. Esta mensagem de resposta é muito útil, pois o utilizador sente que é mais fácil tratar das coisas sozinho, com privacidade. Toda a configuração funciona quando a fonte de alimentação é ligada. Quando o utilizador liga a fonte de alimentação para esta configuração, as mensagens enviadas para o utilizador começam a ser activadas, tendo o utilizador de colocar a palma da mão e identificar o texto Braille equivalente. De acordo com a mensagem recebida, o utilizador pode premir o botão do teclado de resposta pretendido. Este dispositivo é a melhor forma de aceder a aplicações de mensagens como as pessoas normais. A comunicação desempenha um papel fundamental para exprimir os sentimentos de uma pessoa a outra e esta configuração é a melhor forma de a utilizar.

CAPÍTULO 2: PESQUISA BIBLIOGRÁFICA

2.1 PRINCIPAIS CONCLUSÕES DO ESTUDO BIBLIOGRÁFICO

Prachi Rajarapollu et al., (2015) o sistema proposto foi especialmente concebido para que a comunidade com deficiência visual possa ligar-se, comunicar e socializar sem visão. Atualmente, as pessoas com deficiência física não têm acesso a tecnologias de comunicação avançadas. Para informar as pessoas cegas sobre o sistema avançado de telecomunicações, a nossa abordagem centrou-se na conceção de um sistema de Serviço de Mensagens Curtas (SMS) para elas; interage o teclado Braille com o microcontrolador GSM. Este método está a utilizar pessoas com deficiências visuais para compreender facilmente os caracteres do texto. Os micro vibradores podem facilmente compreender e receber SMS; as pessoas com deficiência visual podem facilmente compreender o texto depois de enviar SMS a pessoas normais. Estes dois processos apenas controlam o funcionamento do microcontrolador.

Arun Francis G et al., (2020) no nosso método proposto, foi introduzido um sistema de reconhecimento facial em tempo real (FRS) para pessoas com baixa visão e para ajudar os cegos. O processo de trabalho inclui a deteção e o reconhecimento de rostos para identificar a pessoa que se encontra à sua frente. Em primeiro lugar, a imagem captada é obtida por uma câmara Pi - 8 Megapixel. As características do Histograma de Gradiente Orientado (Ho G) são extraídas com uma base de dados que já possui a caraterística Ho G extraída. Para uma imagem de rosto, são extraídas 4680 características Ho G. Se a imagem de entrada corresponder, o sistema pronuncia o nome da pessoa ao cego por meio de um sinal áudio através de um conversor de texto para voz. Se a imagem não corresponder, o sistema pergunta se deve ser guardada na base de dados. No método proposto, o software Balabolka é utilizado para a conversação texto-voz. O trabalho é implementado utilizando um processador Raspberry pi3 e

MATLAB 2017b. A experiência é implementada para 100 rostos com 10 posições diferentes.

Naveen Kumar, Jada malli, et al., (2017) Aprender a escrita Braille não é uma tarefa fácil para os alunos com deficiência visual. Os alunos com deficiência visual têm de memorizar/lembrar vários padrões de teclas da matriz Braille atribuídos a diferentes letras/palavras/símbolos na escrita Braille para ler e escrever eficazmente.

O kit Braille eletrónico destina-se a ajudar os utilizadores nas fases mais difíceis da aprendizagem do Braille, a fim de aumentar os seus conhecimentos e de os ajudar na orientação e mobilidade. Teclado Braille, que pode ser utilizado para ajudar os utilizadores a aprender Braille através de sinais tácteis e também ouvindo a sua leitura. O teclado permite que os utilizadores com deficiência visual introduzam facilmente caracteres Braille no sistema para diferentes utilizações e trabalhos. A integração da atividade física e da audição pode facilitar a aprendizagem da escrita Braille (todas as línguas). Consiste num teclado igual ao da célula Braille, que se baseia na matriz Braille (matrizes 3*2) com duas teclas de controlo adicionais. O utilizador começa por ouvir as instruções e recebe formação do kit, depois introduz a combinação de teclas de acordo com a matriz/escrita Braille internacionalmente aceite e o dispositivo, por sua vez, pronuncia a saída correspondente de letras/palavras/símbolos/contrações (flexível para todas as línguas). O nosso livro é uma tentativa de utilizar a tecnologia para educar alunos com deficiência visual.

Sruthi Ramachandran et al., (2021) A comunicação desempenha um papel vital na expressão dos sentimentos de uma pessoa para outra. As pessoas com deficiências visuais e auditivas têm dificuldade em comunicar umas com as outras. Existem certas linguagens únicas disponíveis para pessoas surdo-cegas, incluindo a assinatura tátil, o Braille, a lua, etc. Entre estes métodos, o meio de comunicação mais comummente preferido é o Braille. O

Braille é um sistema desenvolvido para ajudar as pessoas com deficiências visuais e auditivas, criando arranjos de pontos que formam letras, números e sinais de pontuação. Este documento propõe um modelo de dispositivo de comunicação que converte qualquer texto alfanumérico em inglês para o formato Braille correspondente, que pode ser lido por uma pessoa surda-cega. Uma pessoa capaz pode enviar uma mensagem a uma pessoa surda-cega a partir do seu telemóvel. Assim que a mensagem é recebida pelo dispositivo, este começa a converter as letras da mensagem para o formato Braille. Os caracteres Braille são apresentados um a um através de um ecrã Braille constituído por seis motores de vibração que representam os seis pontos numa representação celular Braille. A pessoa surda-cega pode sentir os caracteres colocando a palma da mão na unidade de visualização Braille. Este documento inclui também um modelo de banda de vibração para surdos-cegos, que actua como indicador de uma mensagem recebida.

F. Ramirez-Garibay, et al., (2014) propuseram um modelo que utiliza um teclado USB para introduzir a mensagem que, por sua vez, é processada por um controlador Raspberry Pi. É utilizado um ecrã Braille atualizável de 16 células para apresentar o texto fornecido pelo utilizador sob a forma de linguagem Braille, de modo a que a pessoa com deficiência possa sentir a mensagem. Este sistema inclui também um altifalante para que a pessoa cega possa ouvir a mensagem. Um motor de vibração é utilizado como sistema de alerta para os surdos-cegos para indicar que foi recebida uma mensagem.

R. Shylaja, et al., (2018) no modelo proposto, utilizou um módulo Bluetooth (HC-05) que está interligado com um microcontrolador Arduino Mega. Sempre que uma mensagem é enviada via Bluetooth, presente no telemóvel para o dispositivo de comunicação, o processador converte a mensagem para braille e envia o padrão braille para o motor de vibração que está disposto no formato de célula braille. Os motores correspondentes serão levantados de acordo com o texto recebido. É também utilizado um ecrã

LCD 16×2 para visualizar a mensagem e um sinal sonoro piezoelétrico funciona como indicador sempre que é recebida uma mensagem.

Sibila. R, et al., (2018) conceberam um sistema de software para a conversão de palavras, números e caracteres especiais ingleses em formato braille. As entradas que são abertas numa pasta são lidas e a sua correspondente representação em formato braille é atribuída pelo simulador MATLAB, comparando os caracteres de entrada com uma tabela de pesquisa que contém o padrão braille para todos os 26 alfabetos ingleses, 10 dígitos e alguns caracteres especiais. O dispositivo armazena o texto de saída como um ficheiro, que pode ser impresso como pontos Braille.

Y. Saraswathi, et al., (2017), no seu artigo, conceberam um dispositivo que contém um módulo GSM que está ligado a um microcontrolador Arduino UNO. Quando a mensagem é recebida no módulo GSM a partir do telemóvel, os caracteres braille correspondentes são atribuídos pelo controlador e os motores de vibração, que estão dispostos numa matriz 3×2, sobem em conformidade.

P. G. Anuradha, et al., (2016) propuseram um dispositivo de comunicação eficiente para pessoas surdas-cegas que contém um teclado QWERTY para introduzir texto. O teclado está ligado a um processador Raspberry Pi. São utilizados seis servomotores que actuam como unidade de visualização de braille e realizam a elevação dos pontos de braille. Deste modo, a pessoa com deficiência pode sentir a mensagem tocando nos pontos.

R. Sarkar, et al., (2012) o artigo aborda a conversão do texto para o formato braille através de uma aplicação informática. Seis motores de passo estão dispostos em formato de célula braille e estão ligados ao sistema informático. Um programa de aplicação carregado no computador recebe o texto em inglês como entrada e executa diferentes operações de processamento, análise, interpretação e controlo da língua para obter o

resultado pretendido
do sistema.

Swati Malik P. J. et al., (2016) propõem um dispositivo de leitura E-Braille em que o módulo WI-FI (ESP8266) é utilizado para receber livros electrónicos e comunicar com outros dispositivos Android. O material ou texto recebido é enviado para o microcontrolador STM32f407 ARM cortex para processamento e conversão. Os servomotores são utilizados para mostrar os caracteres Braille. A reprodução de áudio também foi utilizada como dispositivo de saída para ouvir o texto para a pessoa com deficiência visual.

Kaustubh Bawdekar, et.al.,(2016) discute um modelo que funciona através da recolha do texto em bruto com a ajuda de uma câmara. A câmara envia os dados recolhidos para o microcontrolador (Raspberry Pi), que, por sua vez, os converte em texto Braille. Este modo utiliza uma tabela de pesquisa para a conversão de texto em inglês padrão para texto em Braille. Aqui, os solenóides funcionam como um ecrã Braille a partir do qual uma pessoa com deficiência visual pode sentir os caracteres Braille.

2.2 INFERÊNCIA A PARTIR DA PESQUISA BIBLIOGRÁFICA

O dispositivo de comunicação de conversão de texto para Braille ajuda a estabelecer contactos, comunicar e socializar com pessoas que perderam a visão. Atualmente, as pessoas com deficiência física não têm acesso a tecnologias de comunicação avançadas. Para informar as pessoas cegas sobre o sistema avançado de telecomunicações, estes trabalhos abordam a conceção de um sistema de Serviço de Mensagens Curtas (SMS) para elas; este interliga o teclado Braille com o microcontrolador GSM. Com a ajuda de motores vibratórios, a pessoa com deficiência visual pode identificar a mensagem de texto que é convertida em linguagem braille. A próxima forma de comunicação para surdos-cegos é um sistema de reconhecimento facial em tempo real (FRS). O processo de trabalho inclui a deteção e o reconhecimento do rosto para identificar a pessoa que se encontra à sua frente. Aprender a escrita Braille não é uma tarefa fácil para os alunos com deficiência visual. Os alunos com deficiência visual têm de memorizar/lembrar vários padrões de teclas da matriz Braille atribuídos a diferentes letras/palavras/símbolos na escrita Braille para ler e escrever eficazmente. O kit Braille eletrónico destina-se a ajudá-los nas fases mais difíceis da aprendizagem do Braille, a fim de aumentar os seus conhecimentos e de os auxiliar na orientação e mobilidade. Teclado Braille, que pode ser utilizado para ajudar os utilizadores a aprender Braille através de sinais tácteis e também ouvindo a sua leitura. O teclado permite que os utilizadores com deficiência visual introduzam facilmente caracteres Braille no sistema para diferentes utilizações e trabalhos. A integração da atividade física e da audição pode facilitar a aprendizagem da escrita Braille (todas as línguas). Consiste num teclado igual ao da célula Braille, que se baseia na matriz Braille (matrizes 3*2) com duas teclas de controlo adicionais. Este documento explica como utilizar a tecnologia para educar os alunos com deficiência visual. Um outro estudo fala sobre as várias formas de comunicação, incluindo a assinatura tátil, o Braille, a lua, etc., entre os quais o Braille é o meio de comunicação mais utilizado. O Braille é um sistema desenvolvido para ajudar as pessoas com deficiência visual e auditiva, criando arranjos de pontos que formam letras, números e sinais de pontuação. Este sistema inclui um modelo de banda vibratória para pessoas surdas-cegas, que actua como indicador de uma mensagem recebida. Um outro artigo aborda um modelo que utiliza um teclado USB para introduzir a mensagem que, por sua vez, é processada por um controlador Raspberry Pi. As entradas que são abertas numa pasta são lidas e a sua correspondente representação em formato braille é atribuída pelo simulador MATLAB, comparando os caracteres de entrada com uma tabela de pesquisa que contém o padrão braille para os 26 alfabetos ingleses, 10 dígitos e alguns caracteres especiais. O dispositivo armazena o texto de saída como um ficheiro, que pode ser impresso como pontos Braille. Alguns documentos referem que a almofada Braille funciona com a ajuda de servomotores e outros com motores de relé. Um dispositivo de leitor E-Braille em que o módulo WI-FI (ESP8266) é utilizado para receber livros electrónicos e comunicar com outros dispositivos Android. O material ou texto recebido é enviado para o microcontrolador STM32f407 ARM cortex para processamento e conversão. Os servomotores são utilizados para mostrar os caracteres Braille. A reprodução de áudio também foi utilizada como dispositivo de saída para ouvir o texto para a pessoa com deficiência visual.

Estas são as conclusões recolhidas a partir do estudo da literatura. Cada um dos artigos discute uma abordagem diferente do dispositivo de comunicação para as pessoas com deficiência visual. Ao fazer estes inquéritos, encontrámos algumas desvantagens nos trabalhos anteriores e, neste documento, tentamos produzir uma nova abordagem, apresentando um dispositivo de mensagem de resposta e esta proposta é explicada brevemente a seguir.

2.3 DECLARAÇÃO DO PROBLEMA

No mundo atual, a comunicação desempenha um papel fundamental na vida de cada indivíduo, sendo necessária para compreender os pensamentos e sentimentos dos outros. A surdocegueira é um termo utilizado quando a pessoa sofre de deficiência visual e auditiva. Esta condição é também designada por perda sensorial dupla ou deficiência sensorial dupla. As pessoas com deficiência visual têm um acesso limitado ao mundo exterior, apesar dos vários desenvolvimentos no domínio da comunicação. As pessoas cegas comunicam geralmente através da linguagem gestual, do tacoma, da soletração tátil com os dedos, do braille, etc. Para as técnicas de comunicação mencionadas, tanto o falante como o ouvinte têm de ser minuciosos e compreender a língua antes de a utilizarem para comunicar. Recentemente, os investigadores criaram dispositivos de comunicação que permitem a qualquer pessoa normal comunicar com uma pessoa surda-cega, sem qualquer conhecimento das línguas gestuais. O meio de comunicação mais comum preferido pelas pessoas cegas é o Braille. O papel em relevo é tradicionalmente utilizado para escrever os caracteres Braille. O Braille foi desenvolvido por um francês chamado Louis Braille em 1824, que também era cego. Os caracteres Braille são representados em blocos rectangulares com uma matriz de 3x2 pontos em relevo que parecem pequenas saliências. O número e a disposição destes pontos são utilizados para distinguir um carácter de outro. Existem três níveis de codificação no Braille inglês. A codificação de grau 1 utiliza uma transcrição letra a letra para a literacia básica; a codificação de grau 2 acrescenta abreviaturas e contracções; a codificação de grau 3 inclui várias estenografias pessoais não normalizadas.

2.4 SISTEMA DE CONVERSÃO DE TEXTO PARA BRAILLE EXISTENTE

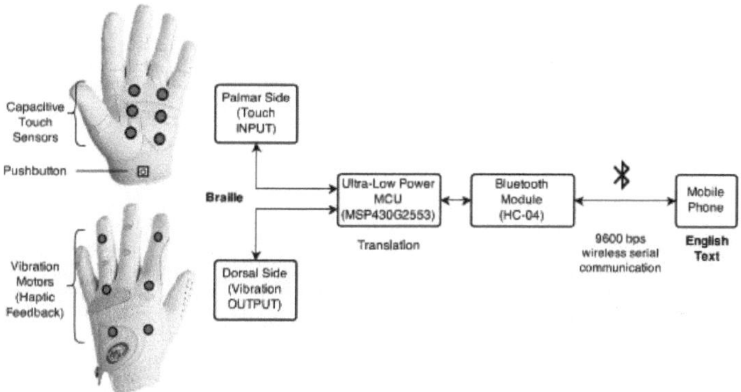

Fig 2.1 Diagrama de blocos de texto para Braille existente

O sistema existente é uma configuração de luva que consiste num lado palmar (entrada) e num lado dorsal (saída). Foi colocado um sensor tátil numa matriz 3×2 em ambas as marés. O botão de pressão (interrutor) também está colocado no lado palmar e os motores de vibração estão colocados no lado dorsal. Esta configuração funciona através de uma ligação Bluetooth. O recetor (pessoa com deficiência) receberá a mensagem de texto através da vibração de cada alfabeto em linguagem braille. Um inquérito aleatório revelou que o uso da luva pode ocasionalmente causar incómodo e desconforto. Para converter texto em braille, a entrada é feita a partir do teclado de um computador portátil, uma letra de cada vez. O utilizador escreve a letra na janela do monitor de série do Arduino. Depois de receber a letra, o Arduino processa-a de acordo com o código fonte. O diagrama mostra o diagrama de blocos para este trabalho. Para simular as letras braille, serão ligados 6 servomotores ao Arduino e os braços oscilantes destes motores estão ligados a 6 hastes metálicas. Quando os servomotores rodam num pequeno ângulo, as hastes ligadas movem-se para trás ou para a frente, dependendo do sentido de rotação. Este movimento para trás e para a frente das hastes resulta numa depressão ou elevação na superfície do dispositivo. Todas as letras braille podem ser produzidas utilizando 6 hastes organizadas em 3 linhas e 2 colunas. O código-fonte do dispositivo é uma simples construção if -else, todos os alfabetos serão guardados e os seus equivalentes em braille serão o resultado global do sistema, isto é, em termos de rotações servo por um pequeno ângulo positivo de elevação e um pequeno ângulo negativo de depressão que elevará a estrada metálica.

Resulta no tipo de impressões que alguém que compreende o braille pode utilizar para ler o que alguém precisa de transmitir. Para algumas pessoas, é extremamente difícil obter dados fundamentais e vitais para a sua vida. Por esse motivo, correm o risco de serem socialmente evitadas. Um conversor de texto para braille é, portanto, uma tentativa de colmatar a comunicação

2.5 DESVANTAGENS DO SISTEMA ACTUAL

O sistema existente é uma configuração de luva que consiste num lado palmar (entrada) e num lado dorsal (saída). Um sensor tátil, colocado numa matriz 3×2 em ambos os lados. O botão de pressão (interrutor) também é colocado no lado palmar e os motores de vibração são colocados no lado dorsal. Esta configuração funciona com uma ligação Bluetooth. O recetor (pessoa com deficiência) receberá a mensagem de texto através da vibração de cada alfabeto em linguagem braille. No inquérito, verificámos que ocorre uma certa irritação e desconforto ao usar a luva. Assim, esta configuração da luva torna-se um fracasso na prática, uma vez que as pessoas com deficiência sentiram sobretudo desconforto ao usar a luva na mão, que cobre basicamente toda a palma da mão até à zona do pulso. A ocorrência de suor e de solavancos súbitos devido à vibração só lhes permite identificar a mensagem de texto que é convertida para braille. Uma outra desvantagem deste trabalho é que as pessoas com deficiência visual só podem receber a mensagem e identificá-la através desta configuração, mas não têm hipótese de responder à mensagem. Anteriormente, na situação normal e atual, a pessoa com deficiência visual é assistida por uma pessoa que a ajuda a ler a mensagem de texto e a ver sempre o seu estado. A pessoa com deficiência visual não prefere ler o texto sozinha, como explica esta configuração. Esta configuração requer uma alimentação de alta tensão e o seu custo é também elevado. Tem pouca flexibilidade e pouca precisão.

CAPÍTULO 3: VISÃO GLOBAL

3.1 INTRODUÇÃO

O principal objetivo e âmbito deste sistema proposto é estabelecer os meios de comunicação para pessoas com deficiências especiais. Atualmente, as pessoas com deficiência física não têm acesso a tecnologias de comunicação avançadas. Para informar as pessoas cegas sobre o sistema avançado de telecomunicações, a nossa abordagem centrou-se na conceção de um sistema de Serviço de Mensagens Curtas (SMS) para elas; faz a interface entre o teclado Braille e o microcontrolador GSM. Tem um teclado especial (teclado Braille), que converte a mensagem de texto na linguagem Braille necessária. Com este sistema Braille, tanto a leitura como a resposta às mensagens são possíveis para as pessoas com deficiência visual. Utilizando esta tecnologia Braille, os invisuais podem aceder à aplicação de mensagens com os seus telemóveis como as pessoas normais.

3.2 OBJECTIVO

Problema na vida das pessoas com deficiência visual. As tecnologias são desenvolvidas de dia para dia, principalmente na comunicação através de telemóveis, que desempenham um papel crucial. Na aplicação de mensagens, as pessoas com deficiência visual só conseguem ler a mensagem na superfície tátil do visor. Mas o principal objetivo deste livro é fornecer uma solução completa para diferentes tipos de comunicação, uma vez que a qualidade do sistema não é boa porque os cegos não conseguem identificar claramente o texto. Atualmente, a tecnologia Braille é utilizada pelos cegos apenas para fins de leitura. No nosso método, a utilização deste sistema Braille permite às pessoas com deficiência visual ler e responder a mensagens.

3.3 ÂMBITO DO LIVRO

A comunicação tem sido uma parte integrante da evolução humana, desde 2600 a.C., quando foi registada a primeira textura composta por uma estrutura complexa de caracteres, até ao século XVII, quando foi adotado o primeiro jornal do mundo. É certamente a língua que torna a comunicação única, mas os modos de comunicação sempre foram uniformes, ultrapassando fronteiras geográficas ou culturas. Quer se trate de uma língua nacional ou regional de uma nação específica, tem havido formas únicas e invulgares de comunicar a mesma língua através de uma caraterização diferente. O código Morse foi um desses exemplos - inicialmente desenvolvido e utilizado como meio de comunicação para o primeiro telégrafo comercial, mas mais tarde popularmente conhecido por ser utilizado no mundo. O mesmo acontece com o Braille, um sistema de comunicação de literacia tátil para pessoas com deficiência visual ou legalmente cegas, utilizado na educação e no local de trabalho.

3.4 METODOLOGIA

Com este sistema Braille, as pessoas com deficiência visual podem ler e responder às mensagens. O processo de conversão de texto para Braille começa quando o módulo GSM do kit de conversão recebe uma mensagem do telemóvel de qualquer pessoa com deficiência. O arranque indica que a configuração do hardware está a ser ligada. Antes da inicialização do GSM, é necessário inserir o cartão SIM (no GSM) da pessoa com Braille em causa. Quando o cartão SIM estiver colocado na perfeição, significa que toda a configuração está pronta a funcionar e a transferência de mensagens pode ser efectuada. Após este ponto, o GSM pode ser utilizado para receber a mensagem em qualquer altura. No caso de ser recebida uma mensagem de alguém da lista de contactos do utilizador braille, esta é primeiro comunicada ao microcontrolador antes de ser mostrada no LCD. Simultaneamente, o utilizador recebe também a indicação de uma mensagem da almofada Braille, com vibrações de cada parafuso. Com a ajuda do bloco Braille, as pessoas com deficiência visual podem identificar cada um dos textos da mensagem do remetente. Aqui, o texto normal em inglês é convertido em texto em Braille, de modo a facilitar a identificação da mensagem linha a linha. Cada alfabeto tem um espaço determinado para a identificação (leitura) da mensagem.

3.5 DESCRIÇÃO DO SISTEMA PROPOSTO

Neste sistema, que utiliza a tecnologia Braille, os invisuais podem aceder à aplicação de mensagens nos telemóveis como as pessoas normais. Ao mesmo tempo que o teclado utiliza uma mensagem individual que será enviada com base nas opções do teclado, o utilizador pode facilmente enviar as informações através de uma mensagem como resposta. O sistema de conversão de texto em braille proposto é constituído por uma fonte de alimentação que permite que toda a instalação funcione quando é ligada. O módulo GSM actua como meio de transferência de dados. Neste caso, o cartão SIM do utilizador é colocado no módulo GSM e a configuração consiste num microcontrolador PIC ligado a um ecrã LCD, através do qual será apresentada a saída. Também contém uma transferência de dados em série, na qual estão presentes um buffer de série, uma estrutura de dados e um deslocador de nível. Com a ajuda de motores de relé, a almofada Braille é activada. A mensagem apresentada no visor LCD é activada na almofada Braille de acordo com a língua Braille. Depois de a mensagem de texto ser lida pelo utilizador, este pode responder utilizando o teclado, no qual estão codificadas cinco mensagens de resposta normalizadas.

3.5.1 DIAGRAMA DE BLOCOS DO SISTEMA PROPOSTO

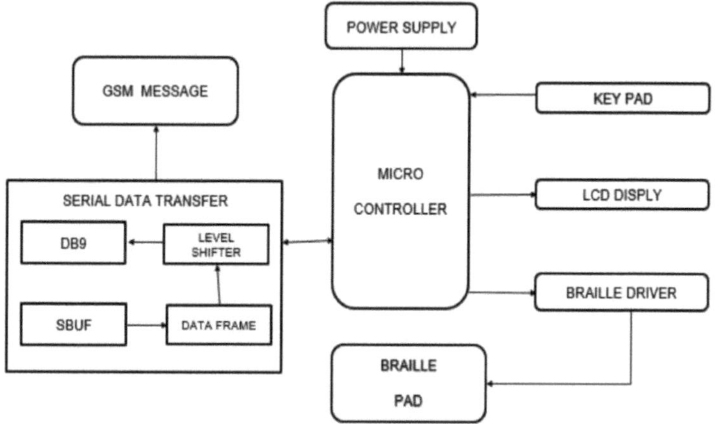

Figura 3.1: Diagrama de blocos da conversão de texto para Braille proposta

3.6 EXPLICAÇÃO DO SISTEMA PROPOSTO

Este módulo explica como utilizar um programa de software num computador para transformar texto em braille. Um microprocessador está ligado a seis controladores de passo dispostos em blocos braille. O software de aplicação do computador aceita o texto em inglês como entrada e executa vários processos de processamento, análise, tradução e gestão da linguagem para produzir o resultado pretendido pelo sistema. Foi criado um gadget para o sistema proposto que comunica com um microprocessador Arduino UNO através de um modem GSM.

O processador selecciona os caracteres braille adequados do telemóvel para o módulo GSM apresentar quando é recebida uma mensagem, e os actuadores vibratórios numa matriz 3x2 rodam em conformidade. O sistema proposto ajuda as pessoas cegas a comunicar a mensagem via SMS a um contacto remoto. Os alfabetos Braille estão dispostos numa matriz 3x2, com seis pontos em relevo. O sistema de seis pontos ajuda a reconhecer alfabetos ou letras, passando as pontas dos dedos para sentir todos os pontos de uma só vez. Quando a fonte de alimentação é ligada, o utilizador pode começar a receber mensagens através do módulo GSM.

As mensagens de texto são apresentadas sequencialmente no ecrã LCD utilizando o microcontrolador PIC, e são simultaneamente recebidas na almofada Braille rodando cada pino de acordo com o texto Braille em intervalos de tempo pré-determinados.

Mas aqui, com este sistema Braille, as pessoas com deficiência visual podem ler e responder às mensagens. Este sistema ajuda os invisuais, que podem aceder à aplicação de mensagens nos telemóveis como as pessoas normais. Simultaneamente, o teclado é utilizado para enviar respostas uma a uma com base na opção do teclado. Cada botão representa uma mensagem de resposta padrão predefinida. Através desta mensagem de resposta, as pessoas que cuidam da pessoa com deficiência (utilizador) podem manter-se afastadas e também saber a sua situação atual.

3.7 VANTAGENS DO SISTEMA PROPOSTO

- Taxa de atualização rápida.
- Baixo custo.
- Portátil.
- Tamanho pequeno.
- Fácil acesso.

3.8 APLICAÇÃO DO SISTEMA PROPOSTO

- Sistema para pessoas cegas.
- Sistema de alerta de mensagens fáceis.

CAPÍTULO 4: DESCRIÇÃO DO HARDWARE

4.1 INTRODUÇÃO

A configuração do hardware do dispositivo de comunicação do conversor de texto para Braille é constituída por um microcontrolador AT89s52, um ecrã LCD, um teclado, uma transferência de dados em série, um controlador braille, um teclado braille, motores de relé (6) e uma unidade de mensagens GSM. Toda a configuração funciona quando a fonte de alimentação é ligada. O funcionamento desta configuração é explicado sucintamente na explicação do sistema proposto no capítulo anterior.

4.2 DIAGRAMA DO CIRCUITO DE HARDWARE

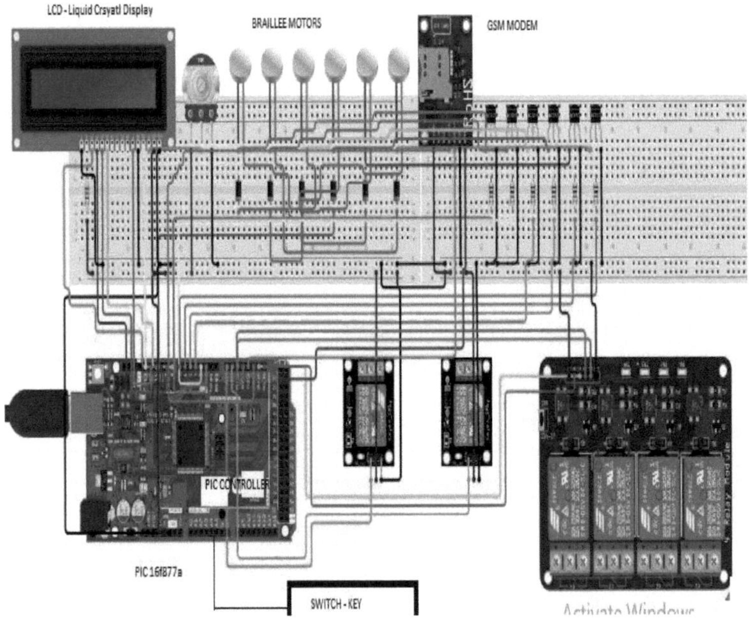

Figura 4.1: Diagrama do circuito de hardware

4.3 FLUXOGRAMA DO CONVERSOR DE TEXTO PARA BRAILLE

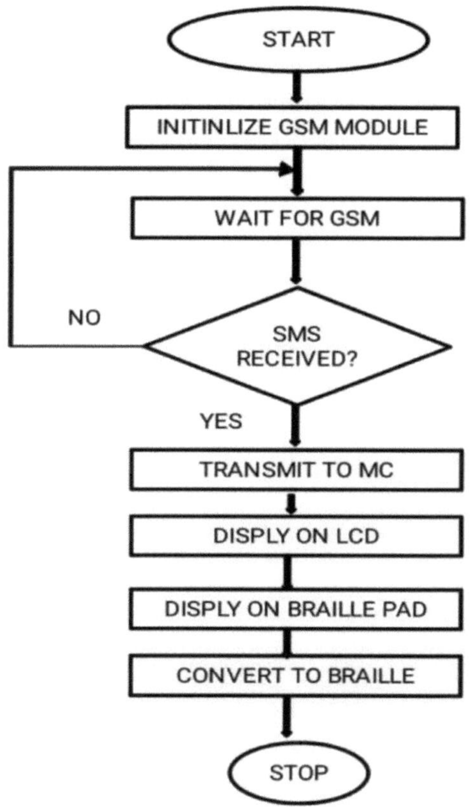

Figura 4.2: Fluxograma do processo de conversão de texto para Braille

O arranque indica a ligação da configuração do hardware. Antes da inicialização do GSM, é necessário inserir o cartão SIM (no GSM) da pessoa Braille em causa. Quando o cartão SIM estiver colocado na perfeição, significa que toda a configuração está pronta a funcionar e a transferência de mensagens pode ser efectuada. Após este ponto, o GSM pode ser utilizado para receber a mensagem em qualquer altura. No caso de ser recebida uma mensagem de alguém da lista de contactos do utilizador braille, esta é primeiro comunicada ao microcontrolador antes de ser mostrada no LCD. Simultaneamente, o utilizador recebe também a indicação de uma mensagem da almofada Braille, com vibrações de cada parafuso. Com a ajuda do bloco Braille, as pessoas com deficiência visual podem identificar cada um dos textos da mensagem do remetente. Aqui, o texto normal em inglês é convertido em texto em Braille, de modo a facilitar a identificação da mensagem linha a linha. Cada alfabeto tem um espaço determinado para a identificação (leitura) da mensagem.

4.4 IMPLEMENTAÇÃO DE HARDWARE

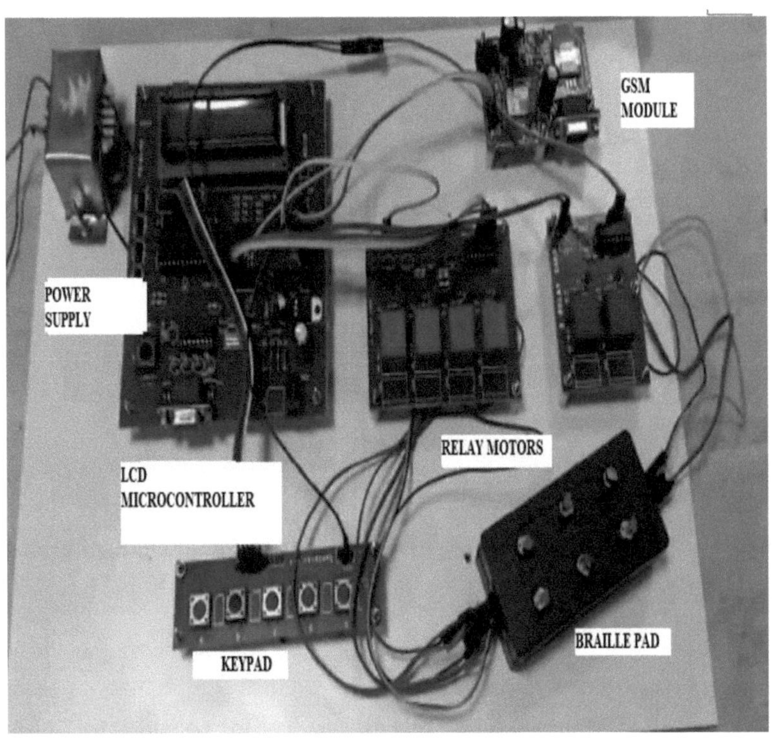

Figura 4.3: Kit de hardware para conversor de texto para Braille

4.4.1 UNIDADE DE ALIMENTAÇÃO ELÉCTRICA

A unidade de alimentação eléctrica é constituída pelas seguintes unidades:

- Transformador abaixador
- Unidade rectificadora
- Filtro de entrada
- Unidade reguladora
- Filtro de saída

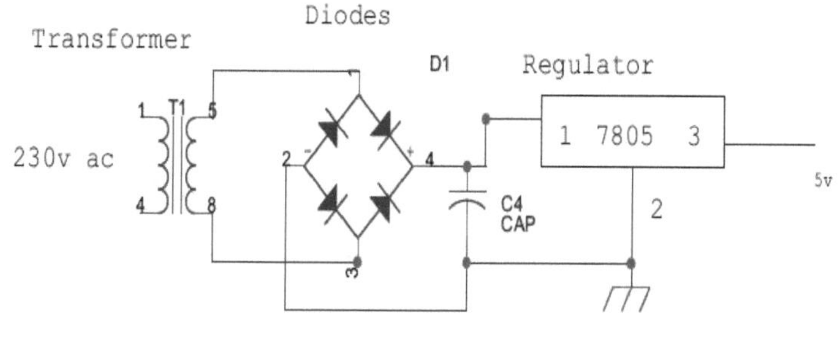

Figura 4.4: Diagrama do circuito da fonte de alimentação

- **TRANSFORMADOR ABAIXADOR:**

O transformador abaixador é utilizado para reduzir a tensão de alimentação principal de 230V AC para um valor inferior. Esta tensão de 230 V CA não pode ser utilizada diretamente, pelo que é reduzida. O transformador é constituído por bobinas primárias e secundárias. Para reduzir ou diminuir a tensão, o transformador é concebido para conter um número reduzido de voltas no seu núcleo secundário. A saída da bobina secundária é também uma forma de onda CA.

Assim, a conversão de CA para CC é essencial. Esta conversão é conseguida utilizando o Circuito/Unidade Rectificadora. Os transformadores abaixadores podem reduzir a tensão de entrada, o que lhe permite ter a tensão de entrada correcta para as suas necessidades eléctricas. Por exemplo, se o nosso equipamento tiver sido especificado para uma tensão de entrada de 12 volts e a fonte de alimentação principal for de 230 volts, necessitaremos de um transformador abaixador, que diminui a tensão eléctrica de entrada para ser compatível com o seu equipamento de 12 volts.

- **UNIDADE RECTIFICADORA:**

O circuito retificador é utilizado para converter a tensão CA na tensão CC correspondente. O dispositivo mais importante e simples utilizado no circuito retificador é o díodo. A função simples do díodo é conduzir quando é polarizado para a frente e não conduzir em polarização inversa. Agora estamos a utilizar três tipos de rectificadores. São eles

1. Retificador de meia onda
2. Retificador de onda completa
3. Retificador de ponte

- **FILTRO DE ENTRADA**:

Os condensadores são utilizados como filtro. As ondulações da tensão CC são removidas e obtém-se uma tensão CC pura. E estes condensadores são utilizados para reduzir os harmónicos da tensão de entrada. A principal ação realizada pelo condensador é a carga e a descarga. Carrega-se no meio ciclo positivo da tensão CA e descarrega-se no meio ciclo negativo. Permite apenas a tensão CA e não permite a tensão CC. Este filtro é fixado antes do regulador. A saída está livre de ondulações.

Existem dois tipos de filtros. São eles

1. Filtro passa-baixo
2. Filtro passa-alto

- **UNIDADE REGULADORA**

O regulador regula a tensão de saída para que esta seja sempre constante. A tensão de saída é mantida independentemente das flutuações da tensão CA de entrada. À medida que a tensão CA muda, a tensão CC também muda. Para evitar isto, são utilizados reguladores.

Figura 4.5: Regulador 7805

quando a resistência interna da fonte de alimentação é superior a 30 ohms, a saída é afetada. Isto pode ser reduzido com sucesso aqui. Os reguladores são classificados principalmente para baixa tensão e para alta tensão. Para além disso, também podem ser classificados como:

i) Regulador positivo

1---> pino de entrada

2---> pino de terra

3---> pino de saída

Regula a tensão positiva.

ii) Regulador negativo

1---> pino de terra

2---> pino de entrada

3---> pino de saída

Regula a tensão negativa.

➢ FILTRO DE SAÍDA

O circuito de filtro é frequentemente fixado após o circuito regulador. O condensador é mais frequentemente utilizado como filtro. O princípio do condensador é o de carregar e descarregar. Carrega-se durante o semiciclo positivo da tensão alternada e descarrega-se durante o semiciclo negativo. Só permite a tensão alternada e não permite a tensão contínua. Este filtro é fixado após o circuito regulador para filtrar qualquer ondulação que possa surgir na saída recebida. Aqui usámos um condensador de 0,1µF. A saída nesta fase é de 5V e é fornecida ao microcontrolador. A tensão de saída ultrapassa os limites quando a carga é removida ou quando um curto-circuito é eliminado. Quando a carga é removida de uma fonte de alimentação em modo de comutação com um filtro de saída LC passa-baixo, a única coisa que o circuito de controlo pode fazer é parar a ação de comutação para que não seja retirada mais energia da fonte. A energia armazenada no indutor do filtro de saída é descarregada no condensador de saída, causando um excesso de tensão.

A magnitude da ultrapassagem é a soma vetorial de duas tensões ortogonais, a tensão de saída antes de a carga ser removida e a corrente através do indutor vezes a impedância caraterística do filtro de saída, Z_o = (L/C) ^ 1/2. Isto pode ser derivado das considerações de conservação de energia.
A energia inicial, E_i , é:

$$E_i = 1/2*(L*I_i\^2 + C*V_i\^2)$$

A energia final, E_f , é:

$$E_f = 1/2*(L*I_f\^2 = C*V_f\^2)$$

As duas energias são iguais quando a carga é removida, uma vez que a carga já não está a retirar energia do sistema. Igualando as duas energias, substituindo a corrente final do indutor por corrente zero, então a solução para a tensão final V_f é:

$$V_f = (V_i\^2 + (I_i*Z_o)\^2)\^1/2$$

Esta é a soma vetorial ortogonal da tensão de saída e da corrente de carga vezes a impedância caraterística e é ilustrada na Figura 1.

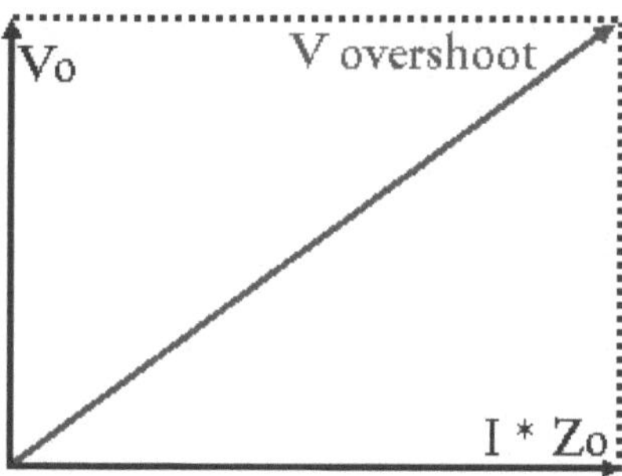

Figura 4.6: Tensão de ultrapassagem como soma de vectores

O problema agrava-se se a corrente no indutor for estabelecida por um curto-circuito na saída e o curto-circuito for eliminado. Neste caso, a tensão inicial é zero (curto-circuito) e a ultrapassagem é I^*Z_o , onde I pode ser muito grande, resultando numa ultrapassagem ruinosa

4.4.2 MÓDULO GSM

Um dispositivo que utiliza a tecnologia de telefonia móvel GSM para oferecer uma ligação de dados celulares a uma rede é conhecido como modem GSM ou módulo GSM. Os telemóveis, que estão ligados à sua rede, contêm normalmente CPUs GSM. Para ligar o dispositivo móvel à sua própria rede, são utilizados cartões SIM. O modem GSM funciona como um telemóvel e tem o seu próprio número de telemóvel único. Utiliza qualquer rede GSM como cartão SIM. A vantagem de utilizar este modem é que a sua porta RS232 permite a interação e a criação de aplicações incorporadas. Enquanto o SIM800CS é um módulo GSM/GPRS de banda quádrupla que utiliza bandas GSM850MHz e oferece a capacidade de voz e dados, o SIM800C é uma solução GSM/GPRS de banda dupla completa num módulo SMT com uma interface padrão da indústria.

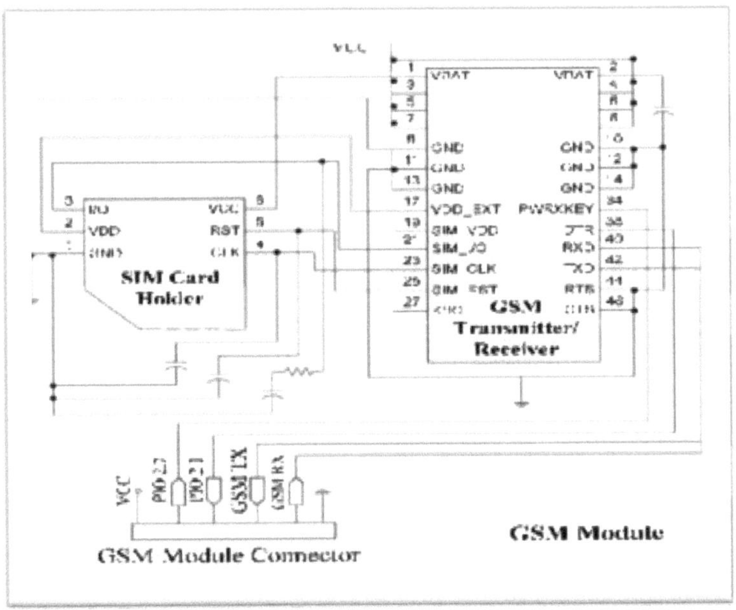

Figura 4.7: Diagrama do circuito de hardware do módulo GSM

4.4.3 MICROCONTROLADOR LCD

O monitor alfanumérico inteligente de matriz de pontos (16 x 2) pode mostrar 224 letras e símbolos distintos.

Este monitor LCD foi concebido para funcionar através de E-blocks. Tem apenas um conetor tipo D de 9 vias e um ecrã LCD alfanumérico de 2 linhas e 16 caracteres. A maioria das interfaces de entrada/saída do E-Block pode agora ser utilizada com este dispositivo. As informações de série são necessárias para o ecrã LCD e são abordadas no manual do utilizador que se segue. O ecrã necessita de uma fonte de alimentação de 5V. Se a alimentação for superior a 5V, danificará todo o dispositivo e a saída desejada não aparecerá. O E-blocks Multi coder ou uma fonte de alimentação regulada de 5V são as melhores fontes de 5V.

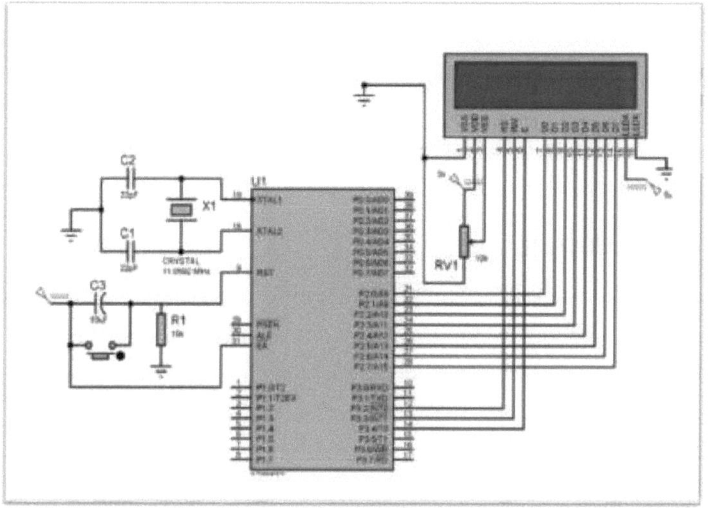

Figura 4.8: Diagrama do circuito de hardware do microcontrolador LCD

4.4.4 TECLADO

Um teclado é um conjunto de teclas organizadas num bloco ou pad para executar uma determinada função. Tem 5 botões que estão organizados numa configuração matricial. As vibrações do microcontrolador são utilizadas para trocar letras num teclado. Para que o teclado funcione corretamente, devem ser colocadas resistências de puxar para baixo nas portas de entrada do microcontrolador para definir o estado lógico quando nenhum botão é premido. Decide-se que botão é premido combinando zeros e uns nos pinos de saída. A comutação não requer uma fonte de alimentação diferente. O teclado pode ser utilizado para alternar entre várias entradas.

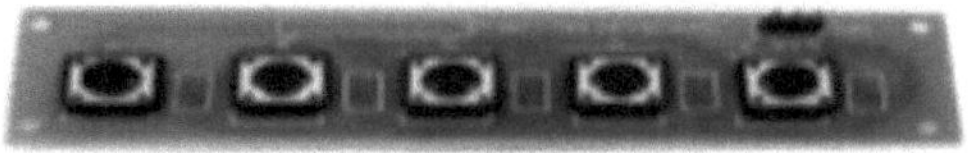

Figura 4.9: Dispositivo de resposta do teclado

4.4.5 BLOCO BRAILLE

A pessoa que utiliza o Braille Pad pode ler a linguagem braille. Cada texto da mensagem é apresentado com o girar do pino de acordo com o alfabeto Braille, podendo os utilizadores tocar e sentir cada letra e identificar facilmente a mensagem de texto. A vibração do movimento giratório é muito baixa, não causando qualquer desconforto ao utilizador.

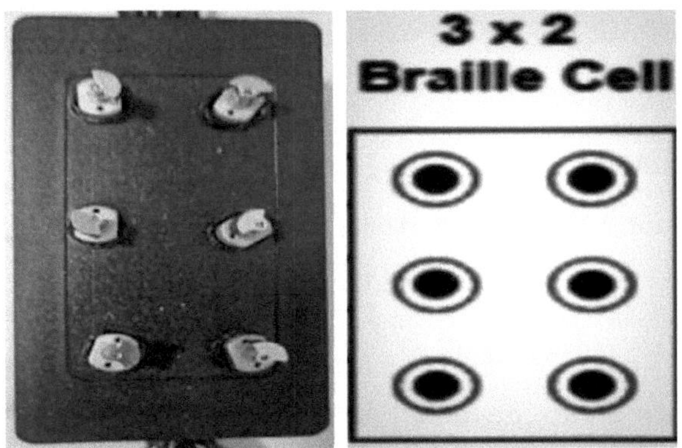

Figura 4.10: Disposição dos blocos Braille 3x2

4.5 NORMAS

A norma IEEE adaptada para este trabalho é a IEEE 1599.

IEEE 1599: Trata-se de uma norma para representar conteúdos multimédia de forma a poderem ser acedidos por pessoas com deficiências. Inclui directrizes para tornar os conteúdos acessíveis a pessoas com deficiências visuais.

4.5.1 TERMINOLOGIA

Tradução Braille: O processo de conversão de texto digital em Braille utilizando um código Braille específico, como o UEB (Unified English Braille) ou o Braille de grau 2.

- **Ecrã Braille atualizável:** Um tipo de ecrã Braille que pode alterar dinamicamente os caracteres Braille apresentados. Estes dispositivos têm uma série de pequenos pinos que se podem mover para cima e para baixo para criar os caracteres Braille.

- **Teclado Braille:** Um teclado que tem caracteres Braille impressos nas teclas. Este tipo de teclado é frequentemente utilizado por pessoas cegas ou com baixa visão para introduzir texto num computador ou dispositivo móvel.

- **Tecnologia de assistência:** Qualquer dispositivo ou software que ajude as pessoas com deficiência a efetuar tarefas que de outra forma seriam difíceis ou impossíveis.

4.6 CONDICIONALISMOS E SOLUÇÕES DE COMPROMISSO

4.6.1 CONDICIONALISMOS

Tal como na fase atual do trabalho, foram encontradas as seguintes limitações:

1. Acessibilidade:

O dispositivo deve ser acessível a pessoas com deficiência visual, o que significa que deve ser concebido com elementos tácteis e avisos sonoros.

2. Durabilidade:

O dispositivo deve ser concebido para resistir à utilização diária e a possíveis impactos e quedas.

3. Duração da bateria:

O dispositivo deve ter uma bateria de longa duração para garantir que se mantém operacional durante o máximo de tempo possível.

4. Portabilidade:

O dispositivo deve ser portátil e fácil de transportar, permitindo que os utilizadores acedam ao sistema onde quer que estejam.

5. Privacidade:

O dispositivo deve ser concebido para proteger a privacidade e a segurança do utilizador, uma vez que pode conter informações sensíveis.

4.6.2 COMPROMISSOS

As possíveis soluções de compromisso devido à mudança do conjunto de dados de entrada para imagens são as seguintes:

1. **Personalização vs. Normalização**:

Personalizar o dispositivo para satisfazer as necessidades de cada utilizador pode resultar num maior nível de satisfação, mas também pode ser mais dispendioso de produzir. Uma conceção normalizada pode ser mais económica, mas pode resultar numa experiência menos personalizada para cada utilizador.

2. Tamanho do Braille vs. tamanho do dispositivo:

A dimensão dos símbolos Braille pode afetar o tamanho do dispositivo. Símbolos Braille mais pequenos podem tornar o dispositivo mais compacto e portátil, mas também podem ser mais difíceis de ler para os utilizadores. Os símbolos Braille maiores podem ser mais fáceis de ler, mas podem resultar num dispositivo maior e menos portátil.

3. Saída de voz vs. saída em Braille:

O dispositivo pode oferecer saída de voz e saída em Braille, ou apenas uma das duas. A saída de voz pode ser mais rápida, mas a saída em Braille pode proporcionar uma experiência tátil que alguns utilizadores podem preferir.

4. Custo vs. funcionalidade:

A adição de mais características ao dispositivo pode aumentar a sua funcionalidade, mas também pode resultar num custo mais elevado. Uma conceção mais simples pode ser mais económica, mas pode oferecer menos características e funções.

5. Teste de utilizadores vs. tempo de desenvolvimento:

O teste do utilizador é essencial para garantir que o dispositivo é de fácil utilização e satisfaz as necessidades do público-alvo. No entanto, os testes com utilizadores podem ser demorados e aumentar o tempo de desenvolvimento.

CAPÍTULO 5: RESULTADOS E DISCUSSÃO

5.1 RESULTADOS DO SOFTWARE DE FONTE ABERTA

Estes são os softwares de código aberto disponíveis para conversão de texto em braille

i. Braille Blaster

ii. O tradutor de Braille de Duxbury

iii. Euler

iv. Braille2000

v. Alterar o alfabeto

vi. Conversor Braille

5.1.1 BRAILLE BLASTER - SOFTWARE DE CÓDIGO ABERTO

- É um dos programas gratuitos de fonte aberta para converter texto em Braille.
- Até converte símbolos matemáticos em Braille.
- Também suporta várias línguas para converter para Braille.

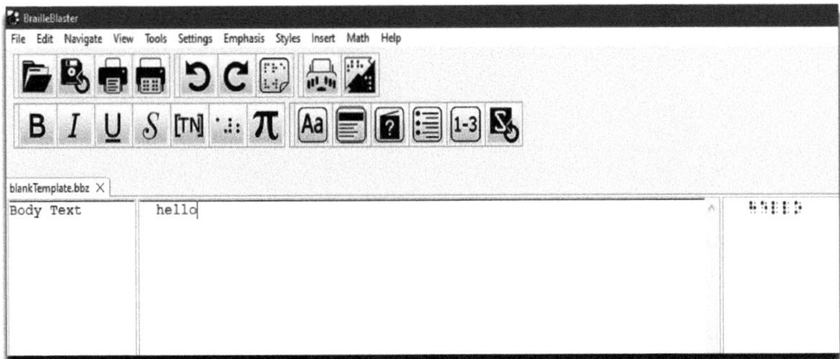

Figura 5.1: Software de fonte aberta - Conversão de palavras para alfabetos Braille

5.1.2 CONVERSÃO DE SÍMBOLOS

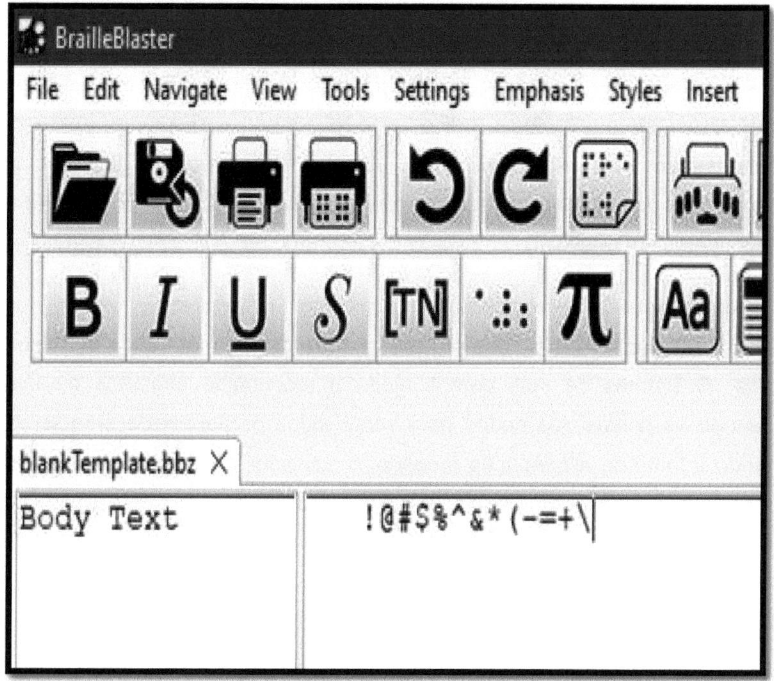

Figura 5.2: Software de fonte aberta - Conversão de caracteres especiais para Braille

5.2 RESULTADOS DE HARDWARE

Tem um teclado especial (teclado Braille), que converte a mensagem no texto Braille necessário. Com este sistema Braille, tanto a leitura como a resposta à mensagem são possíveis para as pessoas com deficiência visual. Utilizando a tecnologia Braille, os invisuais podem aceder às aplicações de mensagens nos telemóveis como as pessoas normais. O Braille é lido passando os dedos sobre caracteres concebidos como uma disposição de um a seis pontos em relevo.

Aqui, em vez disso, temos a almofada Braille com seis pontos em relevo numa matriz 3 x 2. Estes seis pontos em relevo correspondem às letras do alfabeto Braille. O sistema de seis pontos ajuda a reconhecer alfabetos ou letras passando as pontas dos dedos para sentir todos os pontos de uma só vez. Quando a fonte de alimentação é ligada, o utilizador pode começar a receber mensagens. A mensagem de texto é apresentada uma a uma no ecrã LCD em simultâneo, recebemos esses textos na almofada Braille num determinado intervalo de tempo e cada texto é identificado pelo utilizador com a ajuda da rotação de cada pino do alfabeto Braille pretendido.

Com a ajuda de motores de relé, o funcionamento do teclado Braille ocorre. Aqui, o GSM desempenha um papel importante, onde o cartão SIM do utilizador é colocado e ativado. Com a ajuda do GSM, o utilizador recebe a mensagem.

É aqui que entra a implementação principal (ou seja, a mensagem de repetição). O teclado tem cinco mensagens de resposta que o utilizador pode enviar como resposta. Ao responder à pessoa que ajuda, esta pode ver as necessidades actuais do utilizador a longa distância. Este sistema ajuda as pessoas cegas, que podem aceder à aplicação de mensagens no telemóvel como as pessoas normais.

TABELA 5.1: PROCESSO DE CONVERSÃO DE TEXTO PARA BRAILLE UTILIZANDO A CONFIGURAÇÃO DO HARDWARE

Descrição	Mensagem enviada do telemóvel para o módulo GSM	Mensagem apresentada no LCD a partir do módulo GSM	Saída da almofada Braille no kit de hardware
Palavra única	*Hello!#	 hello	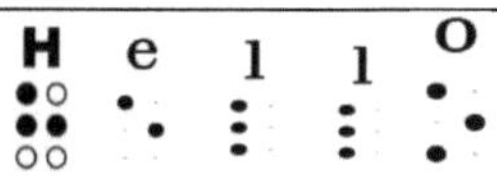 H e l l o
Grupo de palavras	*Hpy bday#	 Hpy bday	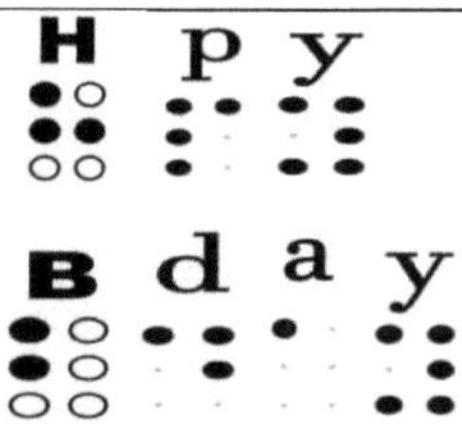 H p y B d a y
Caracteres especiais	*@+%#	 @+%	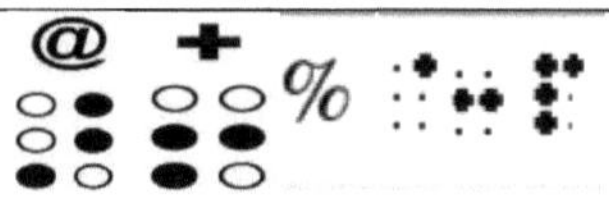 @ + %
Números	*89#	 89	 8 9
Combinação de palavras e números	*Rs 100#	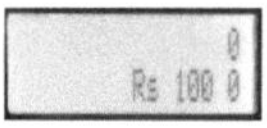 Rs 100	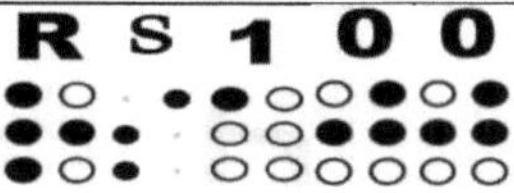 R s 1 0 0
Combinação de palavras e caracteres especiais	*Wow!!#	 Wow!!	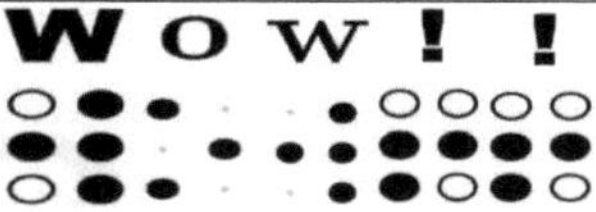 W o w ! !

TABELA 5.2: MENSAGEM DE RESPOSTA DE SAÍDA PADRÃO ENVIADA PARA O TELEMÓVEL

BOTÃO DO TECLADO	ECRÃ LCD	MENSAGEM DE RETORNO ENVIADA PARA MÓVEL CORRESPONDENTE
A - SMS1	 SMS1 0 $	 Thankyou. Received the message.
B - SMS2	 SMS2 0 $	 Alert, need help
C - SMS3	 SMS3 0 $	 Emergency, need medicine
D - SMS4	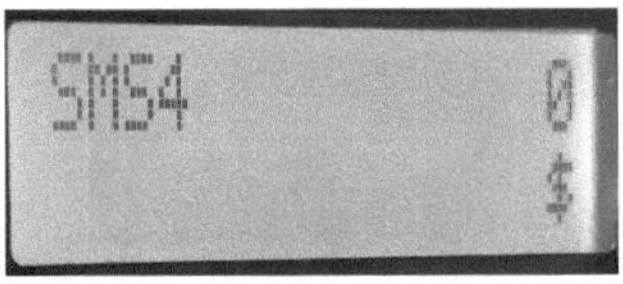 SMS4 0 $	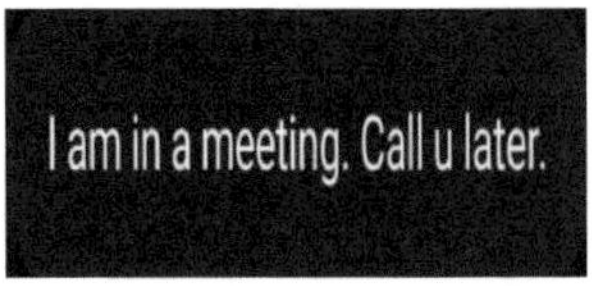 I am in a meeting. Call u later.
E - SMS5	 SMS5 0 $	 Recharge

CAPÍTULO 6: RESUMO DAS CONCLUSÕES

6.1 RESUMO

A comunicação desempenha um papel vital na expressão dos sentimentos de uma pessoa para outra. O sistema de conversão de texto para Braille foi especialmente concebido para que a comunidade com deficiência visual possa estabelecer contactos, comunicar e socializar sem visão. O sistema de conversão de texto para Braille é um tradutor ou conversor que utiliza alfabetos de um teclado ou teclado e converte as letras em linguagem braille, uma a uma, com a ajuda de servomotores com hastes metálicas que rodam em determinados ângulos quando um determinado alfabeto é enviado para o sistema de conversão. Este produto é uma tentativa de colmatar o fosso de comunicação entre as pessoas com deficiência visual e as pessoas com visão. Com ele, uma pessoa pode comunicar com os cegos sem precisar de conhecer a escrita braille. Com a ajuda deste trabalho, é possível empregar alguém com deficiência visual para efetuar tarefas básicas, dando instruções através do sistema de conversão de texto em braille, que pode depois ser lido por alguém que conheça a linguagem braille.

Este produto utiliza componentes electrónicos básicos, tecnologia simples de microcontroladores e conhecimentos de programação em C para resolver um problema socialmente relevante. Este sistema de conversão de texto em Braille pode ser utilizado por pessoas e oferece a possibilidade de aumentar e melhorar as perspectivas de emprego, bem como de formação superior.

6.2 ÂMBITO DOS TRABALHOS FUTUROS

É certamente a língua que torna a comunicação única, mas os modos de comunicação sempre foram uniformes, ultrapassando fronteiras geográficas ou culturas. Sendo uma língua nacional ou regional de uma determinada nação, esta tem formas únicas e invulgares de comunicar a mesma língua através de diferentes caracterizações. O código Morse é um desses exemplos -

inicialmente desenvolvido e utilizado como meio de comunicação para o primeiro telégrafo comercial, mas mais tarde popularmente conhecido por ser utilizado no mundo. O mesmo acontece com o Braille, um sistema de comunicação de literacia tátil para pessoas com deficiência visual ou legalmente cegas, utilizado na educação e no local de trabalho. O objetivo do dispositivo de comunicação de texto para Braille é proporcionar um meio de comunicação para pessoas com deficiência visual e auditiva. O dispositivo pode ser utilizado numa variedade de contextos, incluindo instituições de ensino, locais de trabalho e ambientes sociais. Também pode ser utilizado para comunicação pessoal, como enviar e receber mensagens de texto ou correio eletrónico. O dispositivo pode ser personalizado para satisfazer as necessidades de diferentes utilizadores, incluindo aqueles com diferentes graus de deficiência visual e auditiva. Por exemplo, o ecrã Braille pode ser ajustado para diferentes tamanhos e tipos de letra, e a saída de áudio pode ser ajustada em termos de volume e clareza. O dispositivo também pode ser utilizado em conjunto com outras tecnologias de assistência, como leitores de ecrã ou aparelhos auditivos, para fornecer uma solução de comunicação mais abrangente. Além disso, o dispositivo pode ser integrado noutros dispositivos, como smartphones ou computadores, para dar acesso a uma gama mais vasta de fontes de introdução de texto. Em termos gerais, o objetivo do dispositivo de comunicação conversor de texto para Braille é melhorar a acessibilidade e a qualidade da comunicação para pessoas com deficiência visual e auditiva, permitindo-lhes participar mais plenamente em ambientes sociais, educativos e profissionais.

REFERÊNCIA

1. Ab Wahab, Mohd Nadhir, Ahmad Sufril Azlan Mohamed, Abdul Syafiq Abdull Sukor e Ong Chia Teng. "Leitor de texto para uma pessoa com deficiência visual". In Journal of Physics: Conference Series, vol. 1755, no. 1, p. 012055. IOP Publishing, 2021.

2. Angdresey, Apriandy, Ivana Valentine Masala, Vivie Deyby Kumenap, Michael George Sumampouw, Kristian Alex Dame e Ivan Daniel Reynaldo Riady. "Um aplicativo assistente de comunicação para surdos". Em 2021, Sexta Conferência Internacional de Informática e Computação (ICIC), pp. 1-6. IEEE, 2021.

3. Anuradha, PG, e K. Devibalan. "Um dispositivo de comunicação portátil de baixo custo para surdos-cegos". *Jornal Internacional de Eletrônica Industrial e Engenharia Elétrica, Especial* 2016 (2016): 22-25.

4. Arbes, L. A. D., J. M. J. Baybay, J. E. E. Turingan e M. J. C. Samonte. "Storyboard tátil do tradutor de texto para braille Tagalog com impressão 3D". Em IOP Conference Series: Ciência e Engenharia de Materiais, vol. 482, no. 1, p. 012023. IOP Publishing, 2019.

5. Cruz, Joshua L. Dela, Jonaida Angela D. Ebreo, Reniel Allan John P. Inovejas, Angelica Romaine C. Medrano e Argel A. Bandala. "Desenvolvimento de um intérprete de texto para braille para documentos impressos através do processamento ótico de imagens". In 2017IEEE 9th International Conference on Humanoid, Nanotechnology, Information Technology, Communication and Control, Environment, and Management (HNICEM), pp. 1-6. IEEE, 2017.

6. Hemanth, A. V., K. Sai Bharadwaj, V. Prasanthi, M. E. Harikumar e J. Rolant Gini. "Conversor de texto para braille baseado em Arduino e válvula solenoide." Em *2020, Terceira Conferência Internacional sobre Sistemas Inteligentes e Tecnologia Inventiva (ICSSIT)*, pp. 478-483. IEEE, 2020.

7. Kishore, K. Krishna, G. Prudhvi e M. Naveen. "Script Braille para conversão de voz". Em *2017, Conferência Internacional sobre Metodologias de Computação e Comunicação (ICCMC)*, pp. 1080-1082. IEEE, 2017.

8. Nivash, S., e E. N. Ganesh. "Implementação de TTS com dispositivo de assistência móvel tátil para pessoas com deficiência visual". Materiais hoje: Proceedings (2021).

9. Ramachandran, Sruthi, D. Gururaj, K. N. Pallavi e Niju Rajan. "Dispositivo de comunicação de conversão de texto para Braille para pessoas com deficiência visual e auditiva." Em *2021 Conferência Internacional sobre Comunicação por Computador e Informática (ICCCI)*, pp. 1-5. IEEE, 2021.

10. Sarkar, Ruman, e Smita Das. "Analysis of different braille devices for implementing a cost-effective and portable braille system for the visually impaired people." *International Journal of Computer Applications* 60, no. 9 (2012).

11. Saxena, Arunima, Dharuv Verma, Jatin Pathak e Raghavendra Kumar Singh. "Um dispositivo para conversão automática de fala em texto e Braille para pessoas com deficiência visual e auditiva". In *2022 8th International Conference on Signal Processing and Communication (ICSC)*, pp. 560-564. IEEE, 2022.Shylaja, R, R. L. Prasanna, M. Madhavi, e K. U. Rani, "Text to Braille Converter," vol. 7, no. 5, pp. 6-9, 2018.

Printed by Books on Demand GmbH, Norderstedt / Germany